MÉMOIRE

SUR

LES MOYENS D'AMÉLIORER LA RACE DE CHEVAUX EN FRANCE.

MÉMOIRE

SUR

LES MOYENS D'AMÉLIORER LA RACE DE CHEVAUX EN FRANCE.

PAR G. J^{n} B^{te} DUFOUR,

INTENDANT MILITAIRE DE LA 3e DIVISION,

MEMBRE DU CONSEIL GÉNÉRAL DU DÉPARTEMENT DE LA MOSELLE

METZ.

IMPRIMERIE DE CH. DOSQUET,

RUE COUR-DE-RANZIÈRES, N° 2.

1833.

MÉMOIRE

SUR

LES MOYENS D'AMÉLIORER

LA RACE DE CHEVAUX

EN FRANCE.

La nécessité, si généralement reconnue, d'améliorer la race des chevaux en France, fait naître une multitude de questions qu'il est plus facile de résoudre, que de réduire en faits pratiques. Parmi les moyens, les uns dépendent de l'Administration publique, les autres sont entre les mains des particuliers.

Les premiers comprennent les haras, les fermes et établissemens modèles, les étalons royaux, ambulans et ceux approuvés, les prohibitions dont les autres peuvent être susceptibles, les primes, les réglemens de police rurale ; et, dans des vues plus étendues, l'entretien des routes, le halage des fleuves, le curage périodique ou accidentel des cours d'eau, le desséchement des marais et les défrichemens, ou les actes qui les autorisent.

Sont du domaine des particuliers, le soin des prairies, la culture des terres, les pâturages en champ clos, la disposition intérieure et extérieure des écuries, le régime alimentaire et sanitaire des chevaux, le mode et la mesure du travail.

Il est généralement reconnu que la température de la France convient parfaitement à l'éducation des chevaux. Avant la Révolution, malgré les vices et les abus de l'administration des haras, où le privilége exclusif des étalons approuvés nuisait d'ailleurs à la reproduction et à la régénération des espèces, nos produits suffisaient aux divers services et à l'entretien d'une belle et nombreuse cavalerie. On comptait encore, en 1789, 3,300 étalons de races d'élite, dont 365 étaient entretenus dans les haras du Roi, 811 confiés aux Gardes-étalons, sous le nom d'*étalons royaux*, et 2124 en propriété particulière, qu'on appelait *étalons approuvés*.

Un décret du 29 janvier 1790 supprima la régie des haras, mais on ne mit rien à sa place. On tint pour une mesure sage de laisser la plus entière liberté pour les élèves ; les étalons furent achetés par les Anglais, en même temps que nous tirâmes des sujets d'Angleterre pour croiser nos races normandes, et ce qui s'ensuivit fut l'abâtardissement de celles-ci et leur successif affaiblissement.

Un peu plus tard, et durant les trois premières années de la guerre de la Révolution, l'énorme consommation qui se fit en chevaux aurait indubitablement ruiné les espèces, dont aucune n'échappait aux réquisitions, si nos conquêtes dans la Belgique, sur le Bas-Rhin et en Italie, ne nous eussent ouvert de vastes contrées abondantes en chevaux et animaux de service; et l'intérieur se trouvant dès-lors soulagé de cette part et de celle des lois d'exception, on rentra dans les voies de la reproduction et dans la recherche des belles races. A l'époque de la paix de Lunéville, on évaluait le nombre de nos chevaux à 1,800,000, non compris les élèves; ils étaient à-peu-près répartis comme il suit :

Agriculture..........	1,500,000	
Paris................	35,000	
Autres villes et roulage	165,000	1,800,000.
Cavalerie et services militaires............	100,000	

On n'est guère d'accord sur la vie moyenne du cheval. Suivant plusieurs écrivains, elle n'est que de 8 années; d'autres en portent le terme à 12; mais je pense qu'on sera plus rapproché de la vérité en la fixant à 10 années. Or, il suit de cette dernière donnée, que la reproduction, à l'époque que je viens de citer, devait fournir annuellement 180,000 sujets, pour lesquels, vu les non-valeurs, il fallait 360,000 poulinières, et qu'un étalon ne pouvant desservir que 35 au plus de celles-ci, il fallait un peu plus de 10,000 producteurs du sexe mâle.

Il n'est guère douteux que ce nombre n'existât en effet. Mais attendu que les haras établis en 1806 n'y entraient que pour une faible partie; qu'il n'était pas possible de remettre en vigueur et dans toute leur sévérité les anciennes entraves et prohibitions, et que les primes ou encouragemens ne suffirent point, soit pour changer des habitudes prises depuis 1789, soit pour couvrir les frais d'achat dans de meilleures espèces, et de leur entretien dans le genre de régime qu'elles requièrent, il ne se fit que peu de recherches, et moins encore de dépenses dans l'un et l'autre sens; car, en supposant que l'industrie eût tendu à se tourner de ce côté, la division des fortunes ne laissait qu'à un petit nombre de particuliers la faculté de se livrer à cette sorte de spéculation toute pleine de chances, et les autres ne pouvaient s'y engager qu'autant qu'ils auraient aperçu dans les produits, non pas seulement une suffisante garantie de leurs intérêts, mais un avantage réel et le prix légitime de leurs soins et de leurs avances. Est-il besoin même d'ajouter que, parmi ceux-ci, le plus grand nombre est hors d'état de supporter les premiers frais?

D'un autre côté, la distribution des étalons du Gouvernement, dans les arrondissemens de Préfectures, fut quelquefois elle-même gouvernée dans des vues peu judicieuses, sinon de faveur; et les propriétaires de jumens, trop tôt rebutés par des déplacemens onéreux et souvent sans fruit, se contentèrent de ce qu'ils avaient sous la main. De-là cette lenteur, sinon l'absence des progrès dans les contrées les plus favorables à l'éducation des chevaux, et, dans les autres, cette perpétuité des plus ignobles produits, qui paraissant à leurs propres possesseurs, indignes de tout soin, furent entassés pêle-mêle avec les autres animaux dans des étables malsaines, et lâchés tous les matins pour aller disputer quelques brins d'herbe aux bords des chemins publics ou vicinaux.

Quoique le cheval arrive promptement à servir, ce n'est pas l'affaire d'une année que de corriger un mal devenu général, tant sous le rapport des espèces qu'à cause de la grande insuffisance des moyens de réparation, et des préjugés qui s'y opposent.

L'esprit de calcul entre partout, et c'est avec raison. C'est pourquoi, avant de songer à décider un propriétaire ou un cultivateur peu aisé, à changer contre de meilleurs, des attelages qui, quoique médiocres et même ignobles, suffisent pourtant à son service, et ne lui coûtent non plus que ce qu'ils valent, tant pour le premier achat et l'entretien que pour leur remplacement, il faut le convaincre que la puissance individuelle, substituée au nombre, introduit une double économie dans les consommations et dans le temps du travail, et qu'une amélioration progressive, mais nullement brusque et instantanée, est toute à son avantage, en ce qu'elle lui procurera dans la régénération des espèces, des produits et des moyens de transaction dont il est appelé à recueillir les principaux fruits.

Mais il ne faut pas, à l'exemple de quelques

projets sur lesquels nous avons à revenir, rejeter ces résultats dans un trop grand lointain. En France, on ne sait pas attendre de l'avenir; c'est toujours au présent que les améliorations sont demandées, et il faut, autant que possible, se résoudre à cette condescendance, à moins de fermer toute issue aux idées dont la pratique est le plus impérieusement commandée. C'est dans ce sens que je vais essayer de substituer quelques vues différentes de celles qui gouvernent la matière; ou plutôt, qu'empruntant aux divers systèmes ce qu'ils ont de favorable à la question proposée, je leur donnerai plus de portée ou de développement.

Je ne sais point avec exactitude quel est le nombre de chevaux existans actuellement en France. Les états officiels l'élevaient à 2,400,000, et nonobstant les pertes occasionnées en 1830 et 1831, par la mauvaise qualité des fourrages, on ne pense pas qu'il ait subi une diminution de plus d'un douzième, quand on considère les développemens et la rapidité qu'ont acquis quelques services publics, tels que les postes, les messageries, le roulage accéléré, les usines, et l'état militaire lui-même. Le premier chiffre, au reste, ne fait rien à la question, attendu que soit qu'on le diminue, soit qu'on l'augmente, les conséquences que je vais en tirer sont susceptibles des mêmes modifications.

En partant donc de ce que j'ai dit plus haut de la vie moyenne du cheval (10 *ans*), il faut, pour entretenir 2,200,000 chevaux, que la reproduction annuelle donne 220,000 sujets; ce qui, vu les pertes et les avortemens , exige le concours d'environ 440,000 jumens, et d'un peu plus de 14,000 étalons pour les desservir.

Or ici naissent les premières complications de la question. Les deux sexes, en effet, sont appelés à concourir à l'amélioration qu'on se propose; et pour espérer celle-ci, dans toute son étendue, du seul bon choix des étalons, ce serait supposer que nous possédons un nombre suffisant de bonnes poulinières, et le contraire est avéré. Mais en même temps aussi, nous sommes loin d'éprouver de ce côté la pénurie qui existe de l'autre, et l'infériorité des espèces n'est pas si générale, qu'on n'y trouve les qualités propres, sinon à une régénération prompte, du moins à un redressement graduel, et transmissible de leurs produits à ceux qui doivent suivre : c'est une expresse condition de la proposition, qu'il ne faut pas perdre de vue, en laissant l'autre aux haras du Gouvernement, c'est-à-dire, en lui abandonnant le soin de conserver les races *pures*, d'en augmenter et répandre les sujets; de telle sorte que les degrés de filiation se mêlant dans les masses, les rapprochent, avec le temps, des races primitives, avec le concours des étalons, sur qui est appelée l'attention principale.

Or, la grave difficulté qui consisterait à réunir tout à la fois un grand nombre d'étalons et une quantité proportionnelle de très-bonnes pouliniéres, étant écartée, sans que l'espoir de rehausser les races à l'aide du temps s'en trouve affaibli, il s'agit d'examiner de quelle manière on se procurera les 14,000 sujets du sexe mâle.

Nous établissons d'abord que tous ceux existans à titre de propriété privée pourront, à la volonté de leurs possesseurs, et s'ils réunissent les qualités requises, être admis en déduction du nombre cidessus indiqué, et entrer en partage des avantages du système qui sera adopté. Pour l'ensemble de la question, trois moyens se présentent : l'un consiste à augmenter les haras et les dépôts dans une proportion équivalente aux besoins qu'il s'agit de secourir; l'autre à déterminer les propriétaires et cultivateurs à se procurer par eux-mêmes de bons étalons, par l'appât d'une prime annuelle d'entretien; le troisième enfin, que le Gouvernement achetât lui-même les étalons et les distribuât dans les campagnes, sous telles formes et réserves qui seraient discutées et adoptées dans les vues les mieux assorties avec l'objet proposé.

Or, reprenant la question par ce dernier côté, je craindrais de perdre mon temps ou d'abuser de celui du lecteur, en essayant d'en développer les avantages et les inconvéniens. Nous sommes si peu habitués à voir les objets d'utilité publique, où s'entre-mêle un grand nombre de personnes, maniés avec la dextérité, le zèle et la droiture désirables, qu'on est forcé de convenir que l'intérêt individuel est mieux éveillé dans ses recherches, comme aussi plus soigneux des moyens de conservation.

Il ne suffirait pas en effet de réunir quelques milliers de bons étalons, et de les répartir avec intelligence et dans des mains sûres. Il faudrait aviser à l'entretien dans une multitude de localités, instituer un mode de surveillance propre à concilier l'intérêt de l'Etat avec celui des *dépositaires*, et entrer par conséquent dans de tels détails, que l'un n'eût pas à souffrir de la négligence, et les autres de chances de dépérissement ou de destruction, aussi difficiles à prévoir qu'à spécifier lors de leur solution.

Quel que soit d'ailleurs le mérite d'un projet, il faut toujours mettre en ligne parallèle les ressources du pays qui doit en soutenir la dépense, et ne pas omettre non plus d'apprécier les conditions dans lesquelles ce pays se trouve placé: parce qu'il arrive le plus souvent que celles-ci changent le lieu que les meilleures théories avaient assigné dans le budget aux diverses branches de service public ; et c'est un des écueils où viennent échouer des combinaisons qui, en des circonstances dissemblables, recevraient tout ou partie de leur application. Mais ici, et en tout état de cause, quelque mode qu'on adopte pour les achats, les frais intervenant et s'accumulant d'année en année, pendant le temps de service des étalons, on s'imposerait des dépenses énormes, que ne justifierait aucune probabilité de succès.

On peut ranger dans la même classe tout système exclusif de gestion directe, ou qui, en d'autres termes, multiplierait trop les établissemens que nous possédons aujourd'hui sous le nom de haras royaux ou de dépôts d'étalons ; et l'on est fondé à croire que la Direction générale de ce service en jugeait de même en 1829, lorsque, dans son rapport du 29 juin, elle s'est bornée à demander qu'on en instituât seulement deux autres, l'un en Bretagne, l'autre aux confins des Pyrénées, et qu'on augmentât le nombre de jumens dans ceux du Pin et de Rosières.

Remarquons, en passant, que celles-ci devaient être prises dans des races pures; ce qui devait diminuer encore les stations d'étalons pour la reproduction au-dehors.

Quoi qu'il en soit, le même document nous apprend que pour entretenir 1,206 étalons, 45 jumens et 211 poulains ou pouliches, il en coûtait par année.................... 1,150,000[f].

A quoi le rapport ajoutant :

1° Pour les bâtimens, réparations et loyers..........................	70,000
2° Pour les inspecteurs et agens généraux	91,000
3° Pour la remonte des établissemens. .	270,000
On trouve en total une dépense de. .	1,581,000

Laquelle encore ne comprend pas la valeur représentative des locaux et dépendances, ni les frais de primitive institution.

Or il suit du détail qui précède :

1° Que la moyenne des frais d'entretien de 1,462 étalons, jumens et jeunes sujets est de.......... 718f 31c

2° Qu'en évaluant à 500f ce qui concerne les jumens, et à 350f ce qui se rapporte aux jeunes sujets, chaque étalon coûte annuellement.............. 873 67

3° Que la somme affectée aux bâtimens, réparations et loyers, représente, à 4 pour cent, un fonds de.................. 1,750,000 »

4° Que la portion contributive de chaque sujet entretenu, aux frais d'inspection générale et d'agence, est de......... 62 24

N'ayant pas le chiffre des remontes, pour lesquelles il était demandé 270,000 fr., il ne nous est pas possible de décomposer cette somme; mais les trois articles ci-dessus, et le dernier surtout, étaient peu propres à recommander un système de gestion directe qui voudrait s'étendre à toutes les nécessités existantes, et c'est avec raison que ses plus intrépides défenseurs s'en sont abstenus; car en sextuplant les haras et dépôts d'étalons, pour n'avoir encore que 7,236 de ceux-ci, et sans parler du prix d'achat de 6,030 d'entr'eux, on s'imposerait une dépense annuelle de 7,866,000 fr.

Nous allons examiner un autre projet, qui a été présenté à-peu-près à la même époque que le rapport du Directeur général des haras dont il vient d'être question. Il est de M. le duc de Guiche, et consiste à instituer 12 nouveaux établissemens, composés chacun de 2 étalons et de 50 jumens, et exclusivement appliqués à la reproduction des races de *pur sang*.

Or il est évident que le point culminant de la question est encore ici perdu de vue; car l'intérêt le plus pressant, ainsi que l'auteur le reconnait lui-même, est d'améliorer l'état actuel des races communes, qui sont en même temps les plus nombreuses, et n'ont pas même, comme les autres, des moyens quoique insuffisans de réparation. L'état et les gens à carrosses auront toujours la faculté de payer plus ou moins chèrement, l'un les remontes de cavalerie, les autres de beaux attelages; tandis que le petit propriétaire ou le cultivateur ne pourrait introduire dans les siens les élémens de régénération si impérieusement réclamés.

Quoi qu'il en soit, à la suite de quelques détails qui ne sont pas sans intérêt, M. le duc de Guiche présente un tableau d'accroissement successif dans le haras de la composition ci-dessus, qui donnerait, au bout de 25 années, le nombre de sujets de l'un et l'autre sexe ci-après;

Savoir :

Etalons........................ 1000
Jumens........................ 2496

PLUS.

Poulains d'un an.......	554	1869
——— de 2 ans.......	445	
——— de 3 ans.......	356	
——— de 4 ans.......	285	
——— de 5 ans.......	229	
Pouliches d'un an.......	1100	3274
——— de 2 ans.......	891	
——— de 3 ans.......	711	
——— de 4 ans.......	572	

Or, si l'on applique ces données à douze établissemens de même composition, on aurait ainsi obtenu au bout de 25 ans, 12,000 étalons, 29,852 jumens, plus 61,716 sujets ; et cela paraît de prime-abord si extraordinaire, que j'ai cru devoir décomposer le travail de l'auteur.

Mais avant de présenter les résultats de cet examen, et abstraction faite de la prédilection trop visible de M. de Guiche pour les races de *pur sang*, nous ne nous croyons point obligés à n'admettre ici comme seuls types de reproduction, que les deux classes qu'il désigne, l'une sous le nom de *Cheval léger*, et l'autre sous celui de *Cheval lourd.* Il en existe une troisième qui est leur intermédiaire, et qui est celle des trains militaires, des postes, messageries, etc., etc., et qui est la plus commune parmi les attelages de culture ; car on voit que la race dite lourde, est bornée au gros roulage, à quelques charrois intérieurs dans les villes, et à un petit nombre de contrées, soit que la culture y soit plus difficile, soit plutôt que cela résulte d'espèces primitives, d'usages locaux, de la nourriture ou du climat même; toutes causes dont l'influence est hors de contestation.

Il paraît donc qu'il aurait été plus conforme aux faits et aux besoins des divers services, de distinguer trois classes principales : l'une comprenant les chevaux de selle et les carrossiers; l'autre, ceux applicables aux trains militaires, postes, messageries et à l'agriculture, et la troisième enfin, les attelages du gros roulage, où rentrent les gros charrois, le halage, etc., etc.

Il me semble, d'un autre côté, que c'est faire une large part aux 1re et 3e classes, que de les admettre, l'une pour un dixième de l'effectif total : c'est-à-dire, les chevaux de selle et les carrossiers pour 220,000; l'autre, les chevaux lourds, pour 2 dixièmes, ou 440,000; la classe intermédiaire absorbant les 7 dixièmes, ou composant 1,540,000 têtes : proportion qui est même au-dessous de celle que nous avons rappelée au commencement de ce Mémoire, et qui porte cette catégorie à 1,500,000 pour l'agriculture seulement. On pourrait pourtant dire qu'elle s'est élargie plutôt que restreinte, à en juger par le développement que quelques industries ont acquis, et auquel les autres classes n'ont pris aucune part.

Or, pour affranchir le calcul de toutes conditions accessoires de reproduction, telles que les pertes, les avortemens, etc., etc., il ne faut à la première catégorie qu'environ 1400 étalons pour desservir 44,000 jumens nécessaires aux remplacemens annuels, basés sur la vie moyenne de dix années. Que fera-t-on de l'excédent, lequel n'est applicable ni à la deuxième, ni à la troisième classe des chevaux, qui en sont tout-à-fait distinctes? Et ne serait-ce pas s'abuser que de croire que l'étranger viendra les enlever, surtout au prix qui est indiqué, quand sa propre industrie en ce genre est l'objet de la lutte ou du concours qu'on se propose d'établir? Je conçois qu'on veuille s'affranchir du tribut que nous payons au-dehors; mais retourner la proposition, c'est méconnaître ce qui nous manque en France, et ce dont d'autres contrées sont plus ou moins abondamment pourvues, tels que leurs immenses pâturages, leurs grandes fermes, auxquels on peut ajouter les vieilles traditions et les goûts mêmes des grands seigneurs.

Voyons maintenant si les résultats promis peuvent être réalisés, et employons une formule moins compliquée que celle de l'auteur, pour avoir, soit une contre-preuve de l'exactitude de ses calculs, soit la démonstration de leur exagération. Nous représenterons les produits en termes ronds et dégagés des fractions qu'il a adoptées pour compenser les chances de mortalité que nous avons aussi appréciées; mais nous réparerons une de ses omissions, qui a consisté à ne pas comprendre ou à ne pas expliquer nettement les remplacemens périodiques des sujets réformés. Nous tirerons hors ligne ces remplacemens obligés, ainsi que les produits restans libres pour la régénération au-dehors du haras, en entretenant toujours celui-ci au complet de ses sujets producteurs, et en n'opérant que sur des poulains ou pouliches ayant *cinq ans faits*, sauf à faire état, au bout de la période de 25 années, telle que M. de Guiche l'a choisie, des élèves d'un à quatre ans.

Quoique le tableau qui suit donne de continuelles répétitions, j'ai cru devoir le produire dans son entier, pour représenter sous des lettres les sorties du haras donnant lieu à des naissances dans le cours de la période. Ajoutons que les calculs n'ont pu s'opérer que sur les jumens, parce que, pour s'en tenir au système de *pur sang*, on ne trouve pas à appareiller le plus grand nombre des étalons, et qu'on n'indique pas s'il y est ou non suppléé, soit par des achats, soit par des sujets de race inférieure : ce qui au reste impliquerait contradiction. On ne voit pas d'ailleurs sur quoi est fondée la proportion des sexes dans les naissances, un tiers mâles et deux tiers femelles.

Soit toutefois le haras tel qu'il est proposé, de 2 étalons et 50 poulinières.

ANNÉES.	PRODUITS ANNUELS.		Renouvellement du haras.		REPRODUCTION EXTÉRIEURE.		
	Poulains.	Pouliches.	Etalons.	Jumens.	Etalons.	Jumens.	Lettres.
1re. Fin........	10	20	»	»	»	»	»
2e. —........	10	20	»	»	»	»	»
3e. —........	10	20	»	»	»	»	»
4e. —........	10	20	»	»	»	»	»
5e. —........	10	20	»	»	»	»	»
6e. —........	10	20	»	»	»	»	»
	60	120					
Sortis..	10	20	2	20	8	»	»
Restans.	50	100					
7e —— Entrés..	10	20					
Totaux.	60	120					
Sortis..	10	20	»	20	10	»	»
Restans.	50	100					
8e —— Entrés..	10	20					
Totaux.	60	120					
Sortis..	10	20	»	10	10	10	A.
Restans.	50	100					
9e —— Entrés..	10	20					
Totaux.	60	120					
Sortis..	10	20	»	»	10	20	A.
A reporter...	50	100	2	50	38	30	

ANNÉES.	PRODUITS ANNUELS.		Renouvellement du haras.		REPRODUCTION EXTÉRIEURE.		
	Poulains.	Pouliches.	Etalons.	Jumens.	Etalons.	Jumens.	Lettres.
Report...	50	100	2	50	58	30	
10ᵉ —— Entrés..	10	20					
Totaux.	60	120					
Sortis..	10	20	»	»	10	20	A.
Restans.	50	100					
11ᵉ —— Entrés..	10	20					
Totaux.	60	120					
Sortis..	10	20	»	»	10	20	B.
Restans.	50	100					
12ᵉ —— Entrés..	10	20					
Totaux.	60	120					
Sortis..	10	20	»	»	10	20	B.
Restans.	50	100					
13ᵉ —— Entrés..	10	20					
Totaux.	60	120					
Sortis..	10	20	2	20	8	»	»
Restans.	50	100					
14ᵉ —— Entrés..	10	20					
A reporter...	60	120	4	70	76	90	

ANNÉES.	PRODUITS ANNUELS.		Renouvellement du haras.		REPRODUCTION EXTÉRIEURE.		
	Poulains.	Pouliches.	Etalons.	Jumens.	Etalons.	Jumens.	Lettres.
Report...	60	120	4	70	76	90	
Sortis..	10	20	»	20	10	»	»
Restans.	50	100					
15e —— Entrés..	10	20					
Totaux.	60	120					
Sortis..	10	20	»	10	10	10	C.
Restans.	50	100					
16e —— Entrés..	10	20					
Totaux.	60	120					
Sortis..	10	20	»	»	10	20	C.
Restans.	50	100					
17e —— Entrés..	10	20					
Totaux.	60	120					
Sortis..	10	20	»	»	10	20	C.
Restans.	50	100					
18e —— Entrés..	10	20					
Totaux.	60	120					
Sortis..	10	20	»	»	10	20	C.
A reporter...	50	100	4	100	126	160	

ANNÉES.	PRODUITS ANNUELS.		Renouvellement du haras.		REPRODUCTION EXTÉRIEURE.		
	Poulains.	Pouliches.	Etalons.	Jumens.	Etalons.	Jumens.	Lettres.
Report...	50	100	4	100	126	160	
19e —— Entrés.	10	20					
Totaux.	60	120					
Sortis..	10	20	2	20	8	»	»
Restans.	50	100					
20e —— Entrés..	10	20					
Totaux.	60	120					
Sortis..	10	20	»	20	10	»	»
Restans.	50	100					
21e —— Entrés..	10	20					
Totaux.	60	120					
Sortis..	10	20	»	10	10	10	D.
Restans.	50	100					
22e —— Entrés..	10	20					
Totaux.	60	120					
Sortis..	10	20	»	»	10	20	D.
Restans.	50	100					
23e —— Entrés..	10	20					
A reporter...	60	120	6	150	164	190	

ANNÉES.	PRODUITS ANNUELS.		Renouvellement du haras.		REPRODUCTION EXTÉRIEURE.		
	Poulains.	Pouliches.	Etalons.	Jumens.	Etalons.	Jumens.	Lettres.
Report...	60	120	6	150	164	190	
Sortis..	10	20	»	»	10	20	D.
Restans.	50	100					
24ᵉ —— Entrés..	10	20					
Totaux.	60	120					
Sortis..	10	20	»	»	10	20	D.
Restans.	50	100					
25ᵉ —— Entrés..	10	20					
Totaux.	60	120					
Sortis..	10	20	2	20	8	»	»
TOTAUX.....	50	100	8	170	192	230	

Or, les produits ci-dessus dans l'intérieur du haras étant tout ce qu'ils peuvent être, on voit, d'une part, que le remplacement des sujets primitifs absorbe 8 étalons et 170 jumens, auxquelles il faudrait en ajouter 30 à prendre dans les 26ᵉ et 27ᵉ années; d'autre part, qu'on n'a obtenu que 230 jumens pour la reproduction extérieure, contre 192 étalons, qu'à défaut de celles-là ou de nouveaux achats, on ne trouve pas à employer dans le système donné. Il s'ensuit, comme je l'ai fait remarquer, que nous sommes bornés à poursuivre la reproduction par les 230 jumens dont est question, à leurs époques de sortie du haras-type, et nous opérerons de la même manière à l'égard de leurs propres produits, en nous renfermant toutefois dans la période indiquée.

Par la même progression que celle que nous venons d'exprimer pour la première origine, on trouve que les 50 jumens sorties dans les 8e, 9e et 10e années, sous la lettre A, donnent, jusqu'à la 25e année inclusivement, 120 étalons et 240 jumens, dont 6 des premiers et 140 des secondes sont employés aux remplacemens périodiques, et 114 étalons, plus 100 jumens, sont livrés à la reproduction extérieure, mais toujours avec le même embarras pour appareiller les sexes dans l'espèce du *sang pur*.

Les 40 jumens sorties les 11e et 12e années, lettre B, produisent, jusqu'à la 25e année, 72 étalons et 144 jumens, dont 4 des premiers et 80 des secondes pour les remplacemens; plus 68 étalons et 64 poulinières pour l'extérieur.

Les 70 jumens sorties dans les 15e, 16e, 17e et 18e années, sous la lettre C, et que nous mettons en produit à partir de la 17e inclus, donnent jusqu'à la 25e aussi inclus, 42 étalons et 84 jumens, dont 3 des premiers et 70 des secondes sont employés aux remplacemens, et 39 étalons, plus 14 poulinières, au-dehors.

Les 70 jumens sorties sous la lettre D, dans les 21e, 22e, 23e et 24e années, et que nous mettons en produit dans la 23e inclusivement, ne donnent aucun sujet *fait* à la reproduction. Nous tiendrons compte des élèves pour elles, comme pour ce qui précède.

Passant à la 3e filiation, nous en avons extrait les produits d'après la même formule que ci-dessus, ainsi qu'il suit :

1° Les 100 jumens obtenues sous la lettre A, dans les 16e, 17e, 18e, — 22e, 23e et 24e années, donnent elles-mêmes, jusqu'à la 25e année, 40 étalons et 80 jumens, dont 2 des premiers et 50 des secondes pour les remplacemens ; plus 38 étalons et 30 jumens pour l'extérieur.

2° Les 64 jumens sorties des produits de la lettre B, les 19e, 20e, 21e, 24e et 25e années, donnent 8 étalons et 16 jumens, dont 6 des premiers seulement à l'extérieur.

3° Les jumens sorties des produits de la lettre C, dans la 25e année, ne peuvent donner aucun sujet *fait* à la reproduction.

4° Enfin, il en est de même des produits de la lettre D, où l'on n'obtient que des élèves, comme en ce qui précède.

Voici la récapitulation des trois filiations, auxquelles nous joindrons le nombre et l'âge des jeunes sujets provenant des mêmes sources dans l'intervalle donné des 25 années ; Savoir :

FILIATIONS.	LETTRES.	PRODUITS TOTAUX.		NOMBRE ET EMPLOI DES SUJETS FAITS.				ÉLÈVES.		TOTAL.
				1° Renouvellement des producteurs.		2° Reproduction extérieure.				
		Étalons.	Jumens.	Étalons.	Jumens.	Étalons.	Jumens.	Étalons.	Jumens.	
1re	Haras types.	200	400	8	170	192	230	50	100	150
2e............	A.	120	240	6	140	114	100	50	100	150
Id............	B.	72	144	4	80	68	64	40	80	120
Id............	C.	42	84	3	70	39	14	70	140	210
Id............	D.	»	»	»	»	»	»	42	84	126
3e............	A. A.	40	80	2	50	38	30	90	180	270
Id............	B. B.	8	16	2	16	6	»	50	100	150
Id............	C. C.	»	»	»	»	»	»	3	6	9
Id............	D. D.	»	»	»	»	»	»	8	16	24
		482	964	25	526	457	438	405	806	1,209

NOMBRE ET AGE DES ÉLÈVES.

FILIATIONS.	POULAINS de					TOTAL.	POULICHES de					TOTAL.
	l'année.	1 an.	2 ans.	3 ans.	4 ans.		l'année.	1 an.	2 ans.	3 ans.	4 ans.	
Haras type	10	10	10	10	10	50	20	20	20	20	20	100
Lettre A.	10	10	10	10	10	50	20	20	20	20	20	100
—— B.	8	8	8	8	8	40	16	16	16	16	16	80
—— C.	14	14	14	14	14	70	28	28	28	28	28	140
—— D.	14	14	14	»	»	42	28	28	28	»	»	84
—— A. A.	20	20	20	20	10	90	40	40	40	40	20	180
—— B. B.	10	10	10	10	10	50	20	20	20	20	20	100
—— C. C.	3	»	»	»	»	5	6	»	»	»	»	6
—— D. D.	4	2	2	»	»	8	8	4	4	»	»	16
	93	88	88	72	62	403	186	176	176	144	124	806

Il est inutile de faire remarquer, à l'égard des jeunes sujets notamment, que les sexes ne s'appareillent pas avec la régularité exprimée aux résultats qui précèdent. Mais la différence fort peu importante qui se rencontre dans les faits, n'influe en rien sur l'objet de nos recherches, lequel a consisté à reconnaître si les espérances de produits données par M. de Guiche pouvaient être réalisées. Or, nous sommes loin de tomber d'accord, ainsi qu'on va en juger par le rapprochement de ses calculs et des nôtres.

TABLEAU DE COMPARAISON.

DÉSIGNATION DES SUJETS.		PRODUITS DE 25 ANNÉES SUIVANT M. de Guiche.		PRODUITS DE 25 ANNÉES SUIVANT nous.		DIFFÉRENCE.	
		Pour chaque établissement.	Pour les 12 établissemens.	Pour chaque établissement.	Pour les 12 établissemens.	Pour chaque établissement.	Pour les 12 établissemens.
Étalons		1000	12,000	482	5,784	518	6,216
Poulinières		2496	29,852	964	11,568	1532	18,284
Poulains	de l'année.	554	6,648	93	1,116	461	5,532
	d'un an	445	5,340	88	1,056	357	4,284
	de 2 ans	356	4,272	88	1,056	268	3,216
	de 3 ans	285	3,420	72	864	213	2,556
	de 4 ans	229	2,748	62	744	167	2,004
		1869	22,428	403	4,836	1466	17,592
Pouliches	de l'année.	1100	13,200	186	2,232	738	8,856
	d'un an			176	2,112		
	de 2 ans	891	10,692	176	2,112	715	8,580
	de 3 ans	711	8,532	144	1,728	567	6,804
	de 4 ans	572	6,864	124	1,488	448	5,376
		3274	39,288	806	9,672	2468	29,616

Voilà d'énormes différences, d'où l'on conclura, ou que nous n'avons rien compris aux tableaux de progression de M. de Guiche, ou plutôt que comme il est indispensable de remplacer successivement les producteurs avec nos propres élèves, puisqu'on n'y supplée point par de nouveaux achats, les produits ont dû s'en affaiblir d'autant; et ce qui nous confirme dans cette dernière opinion, c'est qu'en reculant outre mesure le remplacement des sujets-types et de premières filiations, les 526 jumens que nous y employons, excédant d'un cinquième les 438 livrées à la reproduction, elles auraient elles-mêmes donné par établissement;

Savoir :

	Etalons.		Poulinières,
	698	—	1138.
Ce qui joint aux produits exprimés	582	—	964.
Représente.............	1280	—	2102.

C'est-à-dire, que nous excéderions pour les étalons, et que nous nous rapprocherions beaucoup pour les jumens, des calculs que nous avons dû infirmer, à raison de la nécessité de renouveler les sujets producteurs au fur et à mesure qu'ils tombent à la réforme.

J'arrive à l'examen du projet sous le rapport de la dépense, et je serai forcé d'y rectifier quelques erreurs qui ont échappé à l'auteur, ou qui sont plutôt des fautes d'impression, comme aussi de ramener en ligne de compte les frais de premier établissement et d'entretien des bâtimens et dépendances, dont il n'est pas question.

Or, en considérant le style fastueux de toutes nos créations publiques, en appréciant les commodités de logement qu'il faut procurer à un Directeur de haras, à ses subordonnés et à tous les gens de service, ainsi qu'à leurs familles (sans parler du pied-à-terre pour les Inspecteurs et Agens généraux); puis l'importance des magasins pour les divers effets et denrées, la disposition obligée des écuries, leurs divisions et subdivisions suivant la différence du sexe, de l'âge, de l'état sanitaire, du caractère même, ou de toute cause accidentelle; puis les cours et champs d'exercice, les pâturages, les loges et refuges, les barrages, et tous les autres soins quelconques de salubrité et de sécurité, d'autant plus nécessaires ici, qu'ils s'appliquent aux races les plus précieuses, on est fondé à dire que les dépenses pour les locaux et le premier établissement ne seront pas au-dessous de . . . . 400,000 f »c

Si, d'un autre côté, nous adoptons les chiffres de l'auteur pour prix d'achat des sujets-types, les deux étalons coûteront . . . . 30,000 »

Et les 50 poulinières . . . . 150,000 »

Ensemble . . . . 580,000 »

Ce qui donne pour première avance et pour les douze établissemens proposés, 6,960,000f.

Vient ensuite l'entretien annuel pour chacun d'eux, ainsi qu'il suit; Savoir :

1° Les bâtimens et le matériel, à raison de 3 pour cent de la valeur total.. 12,000f »

2° Nourriture des animaux, suivant les évaluations de M. de Guiche :

	f.	c.	f.	c.	
2 étalons à	735	30	1474	60	
50 jumens à	500	»	25000	»	68,974 60
150 jeunes sujets à	250		42500	»	

3° Frais d'administration suivant l'auteur de la proposition.... 27,900 »

Pour omission des gens de service nécessaires à l'entretien de 150 élèves, à partir de la 5e année, et qui ne peuvent pas être en moindre nombre que 26, à 800 fr.... 20,800 »

(Total des deux articles ci-dessus : 48,700 »)

D'où il résulte une dépense annuelle de................ 129,674 60

Et pour les 12 haras......... 1,556,095 20

Que si l'on étend ces données à 25 années, pour les comparer aux produits durant la même période, on trouve que chaque haras aura coûté............. 3,241,865f »

Et les 12 ensemble........... 38,902,380 »

A quoi ajoutant les frais de première institution qui sont de 6,960,000 »

On arrive à une dépense totale de......................... 45,862,380 »

A ces résultats, M. le duc de Guiche oppose, d'une part, l'immense service rendu à la régénération des chevaux en France, mais que nous sommes forcé de circonscrire, d'après ses termes, à l'espèce la plus distinguée sans doute, mais incomparablement aussi la moins nombreuse; d'autre part, la vente des étalons et des jumens.

Or, nous croyons avoir démontré que, dans la période donnée, chaque haras ne pourra pas livrer à la reproduction extérieure, ou à la vente, plus de 457 étalons et 438 jumens, déduction faite des remplacemens obligés à l'égard des vieux sujets tombés dans la réforme; en sorte que le produit total des 12 établissemens serait de 5484 étalons et de 5256 jumens.

L'auteur évalue les premiers à 5000 francs, ce qui produirait............. 27,420,000f

Et les secondes à 2500f; ci... 13,140,000

Ensemble...... 40,560,000

Il conviendrait d'y ajouter la valeur de 14,508 jeunes sujets, dont 4826 poulains et 9672 pouliches d'un an à cinq, plus celle représentative des établissemens et du matériel existans, et des étalons et poulinières producteurs; en sorte que nonobstant nos réductions, il y aurait à-peu-près compensation entre les dépenses et les produits.

Mais nous le demandons à toutes les personnes expérimentées en la matière. Est-il raisonnable d'espérer 5000 francs de la vente de chaque étalon, et 2500 francs de chaque jument? A-t-on suffisamment apprécié d'ailleurs, indépendamment de la difficulté des placemens, les décroissances ou dégénérations qui sont remarquables, surtout parmi les espèces distinguées? Le relevé des ventes de chaque année, dans les haras actuels, ne viendrait sûrement pas à l'appui du résultat financier qu'on s'est promis, et cela seul inflige à l'ensemble du projet ce caractère aventureux, inhérent à toute industrie qui fait trop dans un genre, et trop peu dans un autre, ou dont les produits excèdent les moyens d'écoulement, soit à cause de leur prix, soit à raison de leur exubérance.

Nous avons vu en effet, que pour la race de pur sang, à laquelle seule il est fait allusion, il ne fallait qu'environ 1400 étalons, mais tout à la fois 44,000 jumens. Or, le premier nombre est beaucoup dépassé sans utilité pour le projet en lui-même, quoique avec avantage sans doute pour la reproduction extérieure ; mais on n'a pas atteint en 25 années le quart du second.

On peut dire, au reste, que l'auteur s'est préparé une partie de ce dernier résultat, en restreignant, contre les notions les plus générales, les naissances en sujets mâles au tiers de leur totalité. Mais nous pensons aussi qu'il n'a pas évalué assez haut les pertes qui affectent les producteurs et les produits.

Quoi qu'il en soit, le but de ce Mémoire étant de mettre en jeu plusieurs moyens, je vais reprendre en sous-œuvre le travail de M. de Guiche, pour l'appliquer à un haras que je nommerai de deuxième classe, et j'opérerai en sens inverse de mon auteur, c'est-à-dire, par les étalons, en étendant leur action, non pas seulement aux jumens obtenues du haras même, mais à un nombre proportionnel de sujets du même sexe, choisis au-dehors dans nos meilleures espèces. Je prendrai des termes larges, et, débarrassant le calcul, soit de fractions, soit des élèves qui n'interviennent point dans l'objet proposé, je ne présenterai que des sujets faits, ou de cinq ans.

Établissons donc :

1° Qu'un étalon ne desservira que 30 jumens, quoiqu'il soit reconnu que la moyenne des montes soit plus forte ;

2° Que la proportion des sexes, dans les naissances, sera égale pour l'un comme pour l'autre ;

3° Que les pertes pour des causes quelconques, telles que l'infécondation, les avortemens, les maladies et les accidens de diverses natures, seront évaluées à la moitié du nombre des jumens soumises à l'action reproductive;

4° Que les bons produits ne pouvant s'obtenir que de sujets de cinq ans faits, et le temps de gestation pour les jumens devant être compté (ce qui conduit à la septième année de l'institution des haras), la deuxième filiation n'entrera en service que dans la douzième, et ses effets dans la treizième seulement;

5° Enfin, que nous bornerons à six années le service des étalons, par suite de la règle que nous nous sommes imposée, de ne forcer aucune de nos conséquences.

Le tableau ci-joint va expliquer nettement ces diverses combinaisons. Nous avons, au reste, adopté la période de 25 années, telle qu'elle s'est présentée, sans en chercher une autre plus favorable à notre dessein. Il n'échappera pas que, dans le temps donné, la deuxième filiation ne produira que 11,430 sujets, tandis qu'on en devra 34,868 à la troisième.

Nous nous sommes bornés aussi à ne raisonner ici que d'un haras formé de 50 poulinières, pour en opposer les produits à celui de M. de Guiche, en même temps que nous n'avons pas omis de faire état des remplacemens périodiques à l'égard des sujets producteurs. Mais le petit nombre de ceux-ci ne nous paraissant propre qu'à multiplier, sans une véritable utilité, les dépenses de locaux, de premier établissement et d'entretien, tant au personnel qu'au matériel, nous indiquerons une autre formation dans le tableau qui suivra sous le n° 2, pour les six nouveaux haras qu'il s'agirait d'instituer.

(N° 1er.)

HARAS-TYPE.

PRODUCTEURS.		
	Étalons.........	2
	Poulinières......	50

TABLEAU DES FILIATIONS.

Je m'attends bien qu'après avoir examiné l'état qui précède, on objectera que je n'ai fait qu'une table de multiplication, et que j'ai déplacé la question en introduisant parmi les jumens des sujets qui ne seront pas de *pur sang*. Mais, quoi qu'en disent les habiles, cette dernière prétention est l'écueil où sont venues se briser toutes les vues d'amélioration. Il est bien plus raisonnable, à mon sens, d'accepter les faits tels qu'ils sont. Je ne puis cesser de répéter qu'il ne s'agit point ici d'une totale rénovation des espèces, et surtout d'une seule d'entre elles, mais d'une régénération graduée, étendue à toutes; car on ne doit pas agir à l'instar d'un propriétaire qui ne donnerait de bons soins de culture qu'à la dixième partie de ses champs, et laisserait tout le reste en friche.

Aussi bien, quand on abordera un système quelconque dans l'intérêt de la question ainsi généralisée, il n'est pas vraisemblable qu'on maintienne la totalité des haras que nous possédons sur le pied où ils se trouvent, et avec si peu d'avantage pour la race même à laquelle ils font allusion.

Il est donc permis d'espérer qu'une portion notable des fonds qu'ils absorbent, pourra être consacrée à l'amélioration des deux autres races, et ce serait, ce semble, faire une belle part à la première, que de lui abandonner les deux cinquièmes du fonds de 2 millions et demi, qu'il nous paraît nécessaire d'affecter à cette branche d'économie publique.

Or, l'emploi des 1,500,000 autres francs réservés pour les 2ᵉ et 3ᵉ races, se diviserait partie entre les six nouveaux établissemens pour celles-ci, et partie en primes d'encouragement, dont l'incontestable efficacité a été constamment affaiblie, soit par leur insuffisance, soit par leur application vicieuse ou mal entendue. Mais avant d'entrer dans des explications à ce sujet, je vais exposer mon idée à l'égard des six nouveaux haras dont je propose l'institution.

Une première et rigoureuse condition, ce serait d'en bannir toutes les superfluités, et d'y fonder un régime modeste, simple, économique et assorti avec la vie dure et active à laquelle les espèces communes doivent être subséquemment soumises. On doublerait la composition que j'ai donnée au tableau qu'on vient de lire; c'est-à-dire, que chaque haras aurait quatre étalons et cent jumens; et nous prenons quatre des premiers pour suppléer au cas de maladie de l'un d'entre eux : ce qui n'a pas été prévu dans le projet de M. de Guiche, non plus que ce qui concerne l'augmentation indispensable des gens de service, à mesure que s'accroît le nombre des jeunes sujets; car il ne peut entrer dans des vues saines de livrer ces derniers à l'agriculture ou au commerce, avant qu'ils aient acquis toute leur croissance et la force nécessaire pour coopérer utilement à la reproduction.

Que deviennent en effet les produits de nos

haras actuels ? Si l'on en excepte ce qui passe aux mains de quelques riches particuliers ou amateurs, les poulains et pouliches provenus des montes annuelles, sont énervés dès l'âge de 3 ans, par le travail ou par la cohabitation prématurée des sexes. Ils ne reçoivent ni les soins désirables d'entretien, ni une nourriture propre à développer leur constitution primitive; et si chez eux quelques signes décèlent encore leur bonne origine, on n'en est que plus affligé d'y reconnaître, à un haut degré, les effets de l'avidité ou de l'incurie de la plupart de leurs possesseurs.

Ces principes étant arrêtés, on recherchera des locaux situés sur des points où les effets de l'exemple puissent avoir plus d'influence; et sans examiner si parmi les anciens établissemens qu'on jugerait à propos de réformer, il ne s'en trouve pas qui puissent être employés à cette nouvelle destination, je pense qu'il ne serait pas difficile de trouver, à titre de location, six grandes fermes avec des dépendances suffisantes, ou qu'on pourrait disposer pour loger les 4 étalons, les 100 jumens, et les 240 élèves qu'ils doivent produire de la première à la sixième année. Il s'y adjoindrait quelques prairies et terrains vagues pour les exercices et le pacage; et pour ne point environner notre projet de considérations qui pourraient ne paraître que des illusions, je laisserai de côté les avantages qu'une telle réunion, quoique purement auxiliaire, offrirait à une grande exploitation rurale.

On a toujours remarqué que, dans les établissemens de ce genre ou analogues, les logemens des Chefs et Agens de service, ainsi que les prévoyances pour les Administrateurs supérieurs et Inspecteurs de tournées, étaient tout à la fois la chose la plus embarrassante et la plus dispendieuse.

Aussi me bornerai-je à demander qu'on ne s'occupe en ce sens que du Régisseur, de l'Adjudant et du Maréchal-des-logis, pour laisser aux autres le soin de leur propre établissement dans la localité, sauf à commander un service régulier de jour et de nuit, qui avise à tous les besoins, et soit soutenu par une exacte discipline. En cédant aux exigences individuelles, on retomberait incessamment dans des abus dont il importe surtout de préserver les nouvelles créations.

Quant aux tournées et visites de surveillance, c'est aux autorités supérieures de Département qu'elles doivent être déférées, en tant que plus intéressées à la prospérité de l'établissement, et pouvant s'éclairer d'ailleurs des lumières et de l'expérience, qui, après tout, n'outrepassent point ici de communes portées.

Je conçois ainsi qu'il suit l'organisation du personnel de chaque haras :

1 Régisseur,
1 Adjudant,
1 Vétérinaire,
1 Aide-vétérinaire,
2 Maréchaux-ferrans,

1 Garde-magasin d'effets,
1 Garde-magasin des fourrages,
6 Fourriers,
30 Palfreniers.

L'Adjudant aurait la surveillance des écuries, sous l'autorité du Régisseur.

Un Fourrier serait affecté spécialement aux étalons, avec trois palfreniers.

Les cinq autres Fourriers auraient chacun une escouade de cinq palfreniers, et ceux-ci chacun 4 jumens à soigner.

Les deux palfreniers complétant le nombre de 30, seraient disponibles pour les cas de maladie.

Sur la fin de la première année, on organiserait les brigades pour les élèves que nous supposons naître annuellement au nombre de 56, pour se réduire, à raison des pertes, à 48 à la sixième année; et comme on ne saurait contester qu'il ne soit très-utile que les Brigadiers et palfreniers successivement attachés à chaque catégorie d'élèves, les suivissent jusqu'à ce qu'il en soit disposé à la fin de la sixième année, on donnerait à chaque brigade une organisation semblable, en ajoutant pour toutes un Maréchal-des-logis. Soit donc, pour les élèves :

1 Maréchal-des-logis.

	Brigadiers.	Palfreniers.
2e Année.	1.	10.
3e Idem..	1.	10.
A reporter...	2.	20.

	Brigadiers.		Palfreniers.
Report....	2.	———	20.
4e Année. ———	1.	———	10.
5e Idem. ———	1.	———	10.
6e Idem.. ———	1.	———	10.
	5.		50.

C'est-à-dire, 1 Brigadier pour 10 élèves, et 1 palfrenier pour 5.

Voici un aperçu des traitemens, salaires et dépenses présumés de chaque haras :

1°. PERSONNEL.	FRAIS ou traitemens annuels.	1re ANNÉE.	2e ANNÉE.	3e ANNÉE.	4e ANNÉE.	5e ANNÉE.	6e ANNÉE.	OBSERVATIONS.
1 Régisseur	3000	3,000	3,000	3,000	3,000	3,000	3,000	
1 Adjudant	1500	1,500	1,500	1,500	1,500	1,500	1,500	
1 Vétérinaire	1500	1,500	1,500	1,500	1,500	1,500	1,500	Médicamens par abonnement.
1 Aide-Vétérinaire	900	900	900	900	900	900	900	
2 Maréchaux-ferrans	p. mémoire	»	»	»	»	»	»	Ferrage par abonnement.
1 Garde-Magasin des effets	1200	1,200	1,200	1,200	1,200	1,200	1,200	
1 Idem des fourrages	1200	1,200	1,200	1,200	1,200	1,200	1,200	
6 Fourriers	800	4,800	4,800	4,800	4,800	4,800	4,800	
30 Palfreniers	500	15,000	15,000	15,000	15,000	15,000	15,000	
		29,100	29,100	29,100	29,100	29,100	19,100	
SERVICE DES ÉLÈVES.								
1 Maréchal-des-logis	1000	»	1,000	1,000	1,000	1,000	1,000	
1re catégorie — 1 Brigadier	720	»	720	720	720	720	720	
1re catégorie — 10 Palfreniers	480	»	4,800	4,800	4,800	4,800	4,800	
2e idem — 1 Brigadier	720	»	»	720	720	720	720	
2e idem — 10 Palfreniers	480	»	»	4,800	4,800	4,800	4,800	
3e idem — 1 Brigadier	720	»	»	»	720	720	720	
3e idem — 10 Palfreniers	480	»	»	»	4,800	4,800	4,800	
4e idem — 1 Brigadier	720	»	»	»	»	720	720	
4e idem — 10 Palfreniers	480	»	»	»	»	4,800	4,800	
5e idem — 1 Brigadier	720	»	»	»	»	»	720	
5e idem — 10 Palfreniers	480	»	»	»	»	»	4,800	
		»	6,520	12,040	17,560	23,080	28,600	
Report de la 1re partie		29,100	29,100	29,100	29,100	29,100	29,100	
TOTAL du personnel		29,100	35,620	41,140	46,660	52,180	57,700	
2°. FRAIS DIVERS.								
Location de l'établissement		10,000	10,000	10,000	10,000	10,000	10,000	
Arrangemens intérieurs et dépenses d'entretien éventuelles		12,000	2,000	3,000	4,000	5,000	6,000	
		22,000	12,000	13,000	14,000	15,000	16,000	

3°. ACHAT DES SUJETS.	1re année.	2e année.	3e année.	4e année.	5e année.	6e année.
4 Étalons à 2000 francs	8,000	»	»	»	»	»
100 Poulinières à 1200 francs	120,000	»	»	»	»	»
Pour remplacemens éventuels de sujets-types.	3,000	3,000	3,000	3,000	3,000	3,000
	131,000	3,000	3,000	3,000	3,000	3,000
4°. NOURRITURE.						
Nombre de sujets.						
104 Étalons et Poulinières, à 1f par jour; ci.	37,960	37,960	37,960	37,960	37,960	37,960
Élèves. (Par jour.)						
2e année. 56 à 20.	»	4,088	»	»	»	»
3e année. 56 à 20.	»	»	4,088	»	»	»
3e année. 54 à 40.	»	»	7,884	»	»	»
4e année. 56 à 20.	»	»	»	4,088	»	»
4e année. 54 à 40.	»	»	»	7,884	»	»
4e année. 52 à 60.	»	»	»	11,338	»	»
5e année. 56 à 20.	»	»	»	»	4,088	»
5e année. 54 à 40.	»	»	»	»	7,884	»
5e année. 52 à 60.	»	»	»	»	11,388	»
5e année. 50 à 75.	»	»	»	»	13,687	»
6e année. 56 à 20.	»	»	»	»	»	4,088
6e année. 54 à 40.	»	»	»	»	»	7,884
6e année. 52 à 60.	»	»	»	»	»	11,388
6e année. 50 à 75.	»	»	»	»	»	13,687
6e année. 48 à 90.	»	»	»	»	»	15,768
	37,960	42,048	49,932	61,320	75,007	90,775
5° FERRAGE ET MÉDICAMENS. (*)	2,184	2,268	2,676	3,249	3,949	4,794
RÉCAPITULATION.						
1° Personnel	29,100	35,620	41,140	46,660	52,480	57,700
2° Frais divers	22,000	12,000	13,000	14,000	15,000	16,000
3° Achats de sujets	131,000	3,000	3,000	3,000	3,000	3,000
4° Nourriture	37,960	42,048	49,932	61,320	75,007	90,775
5° Ferrage et médicamens	2,184	2,268	2,676	3,249	3,949	4,794
TOTAL GÉNÉRAL par année	222,244	94,936	109,748	128,229	149,436	172,269
	876,562f.					

OBSERVATIONS.

(*) SONT CALCULÉS PAR ANNÉE.

	Le ferrage. f.	c.		Les médicamens. f.	c.
Étalons et Jumens	18	»	—	3	»
Sujets d'un an	»	»	—	1	50
Id. de 2 ans	6	»	—	1	50
Id. de 3 ans	9	»	—	1	75
Id. de 4 ans	12	»	—	2	»
Id. de 5 ans	15	»	—	2	50

On suppose que les produits de fumier paieront largement les frais d'éclairage et d'ustensiles.

Que si l'on applique ces résultats aux six grands haras proposés, on trouve que la dépense totale sera ainsi qu'il suit ;

SAVOIR :

1re Année.	1,333,454f.
2e Idem.	569,616
3e Idem.	658,488
4e Idem.	769,374
5e Idem.	894,816
6e Idem.	1,033,614

Les établissemens étant complets en cette dernière année (la sixième), en sujets-types et en élèves, on pourrait croire que la dépense de 1,033,614 francs qui s'y rapporte, sera à-peu-près la même pour celles qui suivront, et elle pourrait paraître très-considérable, si l'on ne faisait attention qu'elle embrasse aussi dès-lors un capital considérable, 24 étalons, 600 poulinières, et 1440 poulains ou pouliches de l'âge d'un à cinq ans faits.

Mais, indépendamment des réductions qu'une bonne et fidèle gestion peut introduire dans les termes larges que j'ai cru devoir adopter, il convient de distraire de la somme ci-dessus indiquée, les produits des haras eux-mêmes, et celui des sujets remplacés, qui ne manqueront pas de mérite après le service de six années seulement, auquel ils auront été assujettis dans l'intérieur des haras.

C'est en effet l'époque où les premiers élèves ayant atteint toute leur croissance et toute leur force, ils sont susceptibles d'être livrés au commerce ou à l'agriculture, avec une égale utilité pour les vendeurs et pour les acheteurs. Si donc nous embrassons un laps de cinq années à partir de la sixième, attendu qu'on ne peut déterminer avec précision l'époque de remplacement des sujets-types, qui, dans mon système, doit s'opérer généralement parmi les produits obtenus dans les haras, chacun de ceux-ci aura donné, dans les cinq ans, 120 étalons et 120 poulinières, et tous ensemble 720 de chaque sexe, ou 1440 de l'un et de l'autre. Or, les remplacemens exigeant 24 étalons et 600 jumens, il restera pour la vente 696 des premiers et 120 seulement des secondes.

Que si l'on évalue les étalons à 1200 francs, et les poulinières à 800 francs, le restant des uns et des autres produira par la vente 931,200 fr.; lesquels, répartis entre les 6e, 7e, 8e, 9e et 10e années, ou divisés par 5, affaiblissent de 186,240 f. la dépense de chacune d'elles, laquelle étant *brut* de 1,033,614 fr., retombe à 847,374 fr., et celle de chaque haras à 141,229 fr. Il y aura en outre à déduire le montant de la vente de 624 sujets qui auront été remplacés, et nous l'évaluerons à-peu-près à 234,000 (1), pour amener notre dé-

---

(1) Prix présumés de la vente des sujets remplacés, de l'âge de 10 ou 11 ans :

Etalons............ 500 f.
Jumens............ 370.

pense au terme rond de 800,000 fr. par année, et en consacrer 700,000 aux primes dont nous avons maintenant à nous occuper.

Or, nous pensons que ces primes doivent être plus particulièrement employées à augmenter le nombre des étalons, vu que, comme on l'a dit, nous sommes moins pauvres en poulinières de bon travail, qu'en étalons de l'espèce correspondante. Il serait très-désirable, sans doute, de n'employer à la reproduction que des jumens de bon choix; mais nous ne les aurons pas de long-temps en nombre suffisant; et il faut par conséquent ne se prononcer que difficilement sur des exclusions absolues en ce qui concerne ce sexe, surtout parce qu'elles ne toucheraient que la classe la plus pauvre des cultivateurs et la plus digne d'intérêt. C'est du temps qu'on doit attendre l'amélioration, ainsi que du concours du sexe mâle, dont l'efficacité, quoique restreinte par l'infériorité de l'autre, n'en est pas moins hors de contestation. Quoi qu'il en soit, l'objet des primes étant non pas seulement de multiplier les sujets de bonne espèce, mais d'assurer leur conservation et leur utile service, elles doivent être de deux sortes, les unes que nous nommerons *primes d'achat*, et les autres *primes d'entretien*.

Les premières ne paraissent pas pouvoir être moindres de 500 fr. pour les étalons, et de 250 fr. pour les poulinières. On attribuerait 250 fr. d'entretien aux premiers et 125 fr. aux secondes.

Il y aurait chaque année 500 *primes d'achat*, dont 300 pour les étalons et 200 pour les jumens, plus, un même nombre de *primes d'entretien*, comme il est dit plus haut; lesquelles dureraient pendant cinq années consécutives, au-delà de la première, en tant que les conditions d'un bon service seraient remplies et justifiées.

Montrons maintenant la dépense qui s'ensuivrait, cumulativement avec celles des six haras, vis-à-vis de la somme que nous avons demandée pour mettre en jeu nos deux moyens de régénération.

Soit donc comme au tableau qui suit :

OBJET DES DÉPENSES.		LETTRES des SÉRIES.	DÉSIGNATION DES DÉPENSES PAR ANNÉE.					
			1re.	2e.	3e.	4e.	5e.	6e.
	1° PRIMES D'ACHAT.							
1800.	300 étalons à 500 francs..	A.	150,000	»	»	»	»	»
	300 id. id..........	B.	»	150,000	»	»	»	»
	300 id. id..........	C.	»	»	150,000	»	»	»
	300 id. id..........	D.	»	»	»	150,000	»	»
	300 id. id..........	E.	»	»	»	»	150,000	»
	300 id. id..........	F.	»	»	»	»	»	150,000
1200.	200 jumens à 250 francs..	A. A.	50,000	»	»	»	»	»
	200 id. id..........	B. B.	»	50,000	»	»	»	»
	200 id. id..........	C. C.	»	»	50,000	»	»	»
	200 id. id..........	D. D.	»	»	»	50,000	»	»
	200 id. id..........	E. E.	»	»	»	»	50,000	»
	200 id. id..........	F. F.	»	»	»	»	»	50,000
	Total des primes d'achat.....		200,000	200,000	200,000	200,000	200,000	200,000

OBJET DES DÉPENSES.		LETTRES des SÉRIES.	DÉSIGNATION DES DÉPENSES PAR ANNÉE.					
			1re.	2e.	3e.	4e.	5e.	6e.
2° PRIMES D'ENTRETIEN.								
1800.	300 étalons à 250 francs. .	A.	»	75,000	75,000	75,000	75,000	75,000
	300 id. id..........	B.	»	»	75,000	75,000	75,000	75,000
	300 id. id..........	C.	»	»	»	75,000	75,000	75,000
	300 id. id..........	D.	»	»	»	»	75,000	75,000
	300 id. id..........	E.	»	»	»	»	»	75,000
	300 id. id..........	F.	»	»	»	»	»	»
1200.	200 jumens à 125 francs. .	A. A.	»	25,000	25,000	25,000	25,000	25,000
	200 id. id..........	B. B.	»	»	25,000	25,000	25,000	25,000
	200 id. id..........	C. C.	»	»	»	25,000	25,000	25,000
	200 id. id..........	D. D.	»	»	»	»	25,000	25,000
	200 id. id..........	E. E.	»	»	»	»	»	25,000
	200 id. id..........	F. F.	»	»	»	»	»	»
TOTAL des primes d'entretien.....			»	100,000	200,000	300,000	400,000	500,000

OBJET DES DÉPENSES.	MONTANT DES DÉPENSES PAR ANNÉE.					
	1re.	2e.	3e.	4e.	5e.	6e.
POUR TRANSPORT.						
Primes d'achat........................	200,000	200,000	200,000	200,000	200,000	200,000
Primes d'entretien....................	»	100,000	200,000	300,000	400,000	500,000
TOTAL pour les primes.....	200,000	300,000	400,000	500,000	600,000	700,000

Nous faisons observer que les primes d'entretien, pour les étalons de la série F et pour les jumens de celle F-F, seront acquittées dans la septième année, sans affecter le chiffre commun de 700,000 francs, vu que ces primes ne durant que cinq ans, les premières : étalons A, et jumens A-A, s'éteignent à la sixième année révolue, et que la nouvelle série G n'entre en jouissance de la sienne que dans la huitième : ayant reçu celle d'achat dans la septième. Il s'ensuit, au reste, qu'à partir de cette septième année, il y aurait annuellement 500 primes d'achat et 2500 primes d'entretien, représentant les 3000 sujets appelés en secours des produits des haras.

Or, rappelant la dépense ci-dessus et la réunissant à celle des six haras;

Savoir :

OBJET DES DÉPENSES.	1re ANNÉE.	2e ANNÉE.	3e ANNÉE.	4e ANNÉE.	5e ANNÉE.	6e ANNÉE.
Pour les primes des deux espèces..........	200,000	300,000	400,000	500,000	600,000	700,000
Pour les six haras..........................	1,333,464	569,616	658,488	769,374	894,816	1,033,614
Ensemble..........	1,533,464	869,616	1,058,488	1,269,374	1,494,816	1,733,614

On trouve que le crédit de 1,500,000 francs demandé serait dépassé de 33,464 francs, qui peuvent être reportés sur la deuxième année d'exercice, laquelle, avec les 3e, 4e et 5e, laisse un fonds libre de 1,274,242 francs, en même temps qu'il paraît manquer 233,614 fr. sur la sixième. Mais nous rappelons que cette dernière somme est représentée par le cinquième des produits de la vente des sujets remplacés dès la septième année, et de celle des sujets neufs, d'année en année, jusques y compris la dixième. La combinaison, tant pour les haras que pour les primes de l'une et l'autre espèces, ayant tendu à montrer les dépenses dans leur plus haut degré, c'est-à-dire, à la sixième année, après laquelle commencent les renouvellemens périodiques des sujets-types et l'action reproductive de la première filiation, nous n'avons pas été les maîtres d'égaliser les termes dans celles précédentes. D'ailleurs, quand des propositions semblent suffire à l'objet principal, il n'est pas nécessaire, dans un Etat où le budget des dépenses est voté annuellement, de chercher à absorber en totalité une dotation déjà fort élevée, et dont une portion peut être réclamée par d'autres services non moins importans.

Mais, par la même raison, la somme de 1,500,000 francs est nécessaire, à partir de la sixième année, sans qu'on s'occupe de l'excédent qui se couvre par les moyens expliqués.

Il me reste maintenant à mettre sous les yeux

des lecteurs les effets du double système d'amélioration que je viens d'exposer; en faisant abstraction de la première classe de chevaux dite *de pur sang*, au profit de laquelle nous abandonnons les deux cinquièmes de l'allocation annuelle, quoiqu'elle ne compose que le dixième de la totalité des espèces entretenues.

Or, puisque les six nouveaux haras proposés sont d'une formation double de celui dont nous avons produit les résultats au tableau n° 1er, nous pourrions nous borner ici à multiplier ces derniers par douze; et quant aux primes, à extraire leur rapport numérique vis-à-vis des producteurs des haras, attendu que tous les autres termes sont égaux. Mais nous avons pensé qu'il serait préférable de suivre la formule déjà adoptée, et l'une et l'autre questions vont se résoudre dans les deux tableaux qui suivent. Nous répétons que comme il ne s'agit dans tous deux que de sujets faits, on n'exprimera aucun chiffre dans les cinq premières années; que de même qu'au premier tableau, un étalon ne sera employé que vis-à-vis de 30 jumens, et que les produits ne seront évalués que pour moitié de celles-ci, à cause des pertes et des accidens dont nous avons parlé ailleurs, à l'égard tant des poulinières que des élèves d'un an à cinq révolus.

(N° 2.)

TABLEAU de reproduction par le concours de six Haras-types, composés chacun de 4 étalons et 100 poulinières, durant une période de 25 années.

(N° 4)

TABLE 41 de reproduction par le moutons [illegible] primes d'[illegible] [illegible], [illegible] une période de [illegible]

(N° 3.)

TABLEAU de reproduction par le concours des primes d'achat et d'entretien, durant une période de 25 années.

En réunissant les résultats des deux tableaux qui précèdent, on trouve :

Sujets de cinq ans, dont moitié de chaque sexe :

	Haras.	Primes.	Total.
6e Année.	288.	4,500.	4,788.
7e Idem.	288.	9,000.	9,288.
8e Idem.	288.	13,500.	13,788.
9e Idem.	288.	18,000.	18,288.
10e Idem.	288.	22,500.	22,788.
11e Idem.	288.	27,000.	27,288.
12e Idem.	288.	27,000.	27,288.
13e Idem.	2,088.	27,000.	29,088.
14e Idem.	4,248.	27,000.	31,248.
15e Idem.	6,408.	27,000.	33,408.
16e Idem.	8,568.	27,000.	35,568.
17e Idem.	10,728.	27,000.	37,728.
18e Idem.	12,888.	27,000.	39,888.
19e Idem.	26,376.	27,000.	53,376.
20e Idem.	42,576.	27,000.	69,576.
21e Idem.	58,776.	27,000.	85,776.
22e Idem.	74,976.	27,000.	101,976.
23e Idem.	91,176.	27,000.	118,176.
24e Idem.	107,376.	27,000.	134,376.
25e Idem.	107,376.	27,000.	134,376.
	555,576.	472,500.	1,028,076.

Or, sans nous abuser sur ces résultats, que, dans les termes d'une pure amélioration, nous aurions pu beaucoup augmenter, en faisant d'année en année, à partir de la treizième, intervenir dans la reproduction les sujets spécifiés par les lettres doubles, déduction faite de ceux qui eussent obtenu les primes à leur tour; quelque réduction, en un mot, qu'on veuille opérer sur les produits, à raison des élémens médiocres qui s'y seront mêlés, il nous paraît difficile de nier les heureux effets de notre double combinaison sur la moitié des races. On sera du moins sur la bonne voie, et si le but est poursuivi avec persistance, si l'ordre, l'intelligence et l'économie président à la gestion des nouveaux haras, si les primes et les encouragemens ne sont décernés ou maintenus qu'avec équité et discernement, sans faveur et sans esprit de coterie ou de localité, on peut prédire à cette branche d'industrie autant de succès, que ses faibles résultats et ses fausses directions lui ont valu jusqu'ici d'improbation.

On n'entend pas blâmer les prix qui se distribuent annuellement sur quelques points *à l'agilité* des sujets, quoiqu'on ne puisse se dissimuler les artifices qui la préparent le plus souvent, et les fâcheux effets dont elle est aussi fréquemment suivie; mais on a dû s'attendre que, plaidant ici la cause des deux espèces les plus nombreuses, je ne manquerais pas à revendiquer pour elles une part dans ces moyens d'encouragement.

Au reste, il n'est pas inutile de dire que, dans les propositions que j'ai faites, il n'y a rien de tellement rigoureux qu'on ne puisse y introduire des modifications plus ou moins importantes, sans en altérer le fonds. Une chose sans réplique, c'est la nécessité d'aborder des moyens larges et puissans.

Qu'espérer en effet, au profit du vaste système qu'il faut fonder, de 12 ou 15 étalons jetés chaque année dans des Départemens qui renferment de 20 à 25 mille jumens, dont ils ne peuvent desservir que la cinquantième partie? Et qu'on ne se flatte pas de remédier à l'état actuel des choses, en élevant les prix pour les remontes de la cavalerie et des trains militaires. D'une part, il n'y a rien de fixe ni dans les époques ni dans le chiffre des achats, et celui-ci même, hors les cas extraordinaires, équivaut à peine au 30e des besoins annuels; d'autre part, ce serait ouvrir une nouvelle voie à l'introduction permanente des chevaux étrangers et à la contrebande. Il faudrait supposer d'ailleurs, que nous possédons les moyens de bonne reproduction, tandis qu'il est avéré qu'ils nous manquent pour une très-notable partie, et que la question consiste précisément à les rechercher et à les implanter sur notre sol.

D'un autre côté, sans vouloir caractériser autrement une industrie préexistante, de qui nous sommes les tributaires, non moins que de l'étranger, il est palpable que les recherches ne se dirigeraient pas vers les sexes producteurs, attendu que les livraisons pour l'armée ne comportent point d'étalons, et que les jumens elles-mêmes n'y sont admises que dans des proportions plus ou moins restreintes.

Faisons remarquer enfin, que si l'Etat peut ajouter à la valeur vénale des chevaux destinés à ses propres services, il n'en est pas de même du plus grand nombre des cultivateurs et propriétaires, qui, dans l'impuissance de faire de mêmes frais, n'auraient que des rebuts, alors néanmoins que l'intérêt dominant est d'améliorer les diverses espèces, et d'abaisser même les prix à l'aide du temps, au lieu de les augmenter.

Aussi bien, dans mon propre système, ne fais-je aucun doute que le taux de vente que j'ai indiqué pour les produits de l'un et l'autre sexes, ne doive se diminuer par la suite dans les proportions mêmes de l'amélioration qu'il est destiné à introduire et propager.

Je passe maintenant à quelques considérations accessoires qui ne pourraient être négligées sans affaiblir l'effet des moyens que je viens de présenter. Elles se rapportent aux fermes-modèles, aux routes et chemins vicinaux, aux voitures publiques et transports quelconques, aux prairies, desséchemens et défrichemens, et enfin, à la disposition et à la tenue des écuries.

Fermes et Établissemens modèles.

La puissance de l'exemple est devenue un adage. Toutes choses, en effet, ont leur principe dans l'imitation. Mais en faisant abstraction des affaires de mode, on est forcé de convenir qu'il glisse le plus souvent sur les esprits, surtout parmi nous, où l'asservissement aux vieux usages est, pour ainsi dire, en raison composée de notre légèreté.

Mais pour essayer du moins de lui donner de l'efficacité, il ne faudrait pas le prendre par ses extrêmes; car tout en consentant à se plier aux réformes, on demande à leurs auteurs quelque condescendance pour les pratiques qu'on a long-temps suivies.

Je ne saurais donc approuver, dans toute leur étendue, ces établissemens soi-disant modèles, où toutes les anciennes méthodes sont indistinctement condamnées, quoique plusieurs, sans être bonnes, ne soient pas mauvaises.

Si l'on ne remplace point, sans de gros frais, tout ou partie d'un train d'agriculture; si tous les apprentissages sont difficiles à quelques époques de la vie et dans de certaines conditions; si l'on ne s'intéresse généralement au perfectionnement des procédés, qu'à raison des fruits qu'on en retire immédiatement; on est fondé à penser que, pour être tout à la fois utiles aux individus et aux progrès de l'art, les établissemens dont est question devraient avoir différens degrés: les uns prenant les anciennes méthodes à leur point actuel ; les autres se plaçant entre celles-ci et les nouvelles ; et les troisièmes laissant aux essais et aux découvertes toute leur portée, jusqu'à ce que l'expérience les réprouve ou en consacre le mérite.

Dans les premiers cas, on verrait de mêmes moyens plus habilement maniés, produire aussi des résultats meilleurs que ceux que la routine en obtient ; dans le deuxième, ces mêmes résultats seraient dépassés par l'effet de procédés peu différens, mais mieux entendus ; et dans le troisième, on reconnaîtrait l'utile concours des hautes intelligences au sein des choses pratiques, soit pour la simplification des moyens (ce à quoi doit tendre toute science d'application), soit pour le juste rapport des changemens ou modifications avec des circonstances données, dans lesquelles je comprends la variété des besoins et des terrains, celle des climats et des saisons.

Mais c'est presque toujours de ce dernier côté que tourne l'esprit d'innovation et de système ; d'où il s'établit entre les pratiques usuelles et celles théoriciennes, une immense lacune où personne ne s'engage, si ce n'est avec timidité, ou plutôt avec un prompt dégoût pour des essais onéreux, qui ramènent au point de départ.

En somme, ayons des fermes-modèles ; multiplions-en le nombre ; mais qu'elles soient de divers degrés, par analogie avec les moyens, les efforts et les intelligences, et comme des jalons entre les pratiques routinières et celles de perfectionnemens. On ne conçoit pas autrement la possibilité d'arriver aux améliorations désirables.

Routes et Chemins vicinaux, Voitures publiques, Roulage, etc. etc.

Tout ce qui impose aux animaux des fatigues excessives, peut être considéré comme nuisible à l'objet qu'on se propose ici, puisqu'il ne s'agit pas seulement de réformer les espèces, mais de bien entretenir et perpétuer celles qu'on entend y substituer.

Or, sans parler du travail auquel l'ignorance ou la cupidité soumet les étalons et les poulinières, ceux-là dans le temps de la *monte*, celles-ci durant la *gestation*, il n'est pas douteux que le mauvais état des routes et des chemins vicinaux ne soit une cause très-active de fatigue et de dépérissement pour l'espèce en général.

Que si l'on ne saurait nier que l'attention de l'administration publique n'ait été éveillée sur l'entretien des grandes voies de communication, et qu'il ne s'y remarque sur plusieurs points une véritable amélioration, laquelle ne s'étendra qu'à mesure qu'on comprendra qu'elle résulte moins encore de la bonne qualité des matériaux, que de l'intelligence de ceux qui les emploient, et surtout de réparations continuelles et journalières; on ne peut pas nous contester non plus qu'il n'en est pas de même de nos routes départementales, sans parler de l'insuffisance de leur nombre. D'un autre côté, en parcourant celles-ci ou celles-là, on éprouve que nulle part l'état d'entretien n'est plus mauvais qu'au travers de nos villages.

Mais ce n'est rien encore auprès des accidens qui vous attendent, si des motifs quelconques vous jettent dans ce qu'on nomme les chemins de traverse. Il n'est pas de jour où quelque voiture ne s'y brise ou ne s'y embourbe ; et néanmoins il ne tombe en l'esprit de personne d'y remédier ; ou si quelques-uns veulent s'en occuper à l'instigation des autorités, tel est le vice de la législation, que la résistance de quelques autres arrête les travaux. C'est le *liberum veto* des Polonais !

Quoi qu'il en soit de l'amélioration des grandes voies publiques, un vertige d'un genre différent et devenu général, oppose un autre principe non moins destructeur que les dégradations auxquelles j'ai fait allusion, je veux dire la vélocité des transports, acquise au prix de la vie des animaux, et souvent même de celle des voyageurs. En voyant passer ces maisons ambulantes à plusieurs étages qui *brûlent le pavé*, on ne peut se défendre d'un sentiment d'anxiété pour leurs hôtes, dont plusieurs, enfermés comme dans des cages, ne connaissent les dangers perpétuels auxquels ils sont exposés, qu'au moment où la voiture vole en éclats, ou s'abîme dans un précipice. Eh ! quelle nécessité y a-t-il dans cette célérité, pour la plupart de ceux qui la recherchent ou s'y soumettent? Ils n'arrivent le plus souvent au milieu de la nuit, que pour ne savoir que faire d'eux-mêmes, ou pour trouver closes les portes des maisons ou des magasins où les conduisent, soit leurs affections, soit leurs affaires.

Cependant les chevaux n'ont achevé leur traite que pour la refaire presque aussitôt, exténués, couverts de sueur et de boue; trop heureux encore si leurs conducteurs ne les oublient pas devant les bureaux de messageries, exposés aux injures du temps et à un funeste refroidissement.

Que dirons-nous du roulage? Lui aussi a inventé les voies accélérées, comme s'il n'y avait pas de lendemain, ou comme s'il ne lui suffisait pas de trahir nos vues de conservation dans un autre sens, en substituant les charges excessives à la célérité. De toute part, en un mot, l'homme abuse des facultés du plus noble compagnon de ses travaux, et il est à peine un cocher de fiacre ou un cavalier qui ne se fasse une gloire propre de la puissance de son fouet ou de celle de ses éperons.

Ainsi donc, pendant que nous recherchons les moyens d'ajouter à la vigueur de ces animaux, l'esprit de cupidité ou de vertige multiplie les causes d'épuisement et de destruction; la vie moyenne du cheval, que j'ai évaluée à 10 ans, sera réduite d'un tiers, et je prie seulement qu'on en apprécie les conséquences.

Prairies, desséchement des marais, défrichemens.

Il ne suffit point d'avoir de bons et nombreux étalons, ni d'être arrivé même à obtenir de beaux produits, si l'on n'a pas tout à la fois avisé aux soins que j'ai indiqués dans le premier paragraphe de cet écrit, et sur lesquels je vais revenir avec quelque étendue, sans m'assujettir à la division que j'en ai faite, parce que l'administration publique et les propriétaires ont à intervenir simultanément et concurremment dans la plupart.

Au premier rang sont les prairies, dont la culture est en général si négligée et si peu connue. Et d'abord il m'a toujours paru peu digne de l'administration d'un grand état, que dans la plupart des principaux bassins de nos rivières, les prairies demeurassent exposées à des inondations périodiques ou accidentelles, sans qu'aucun travail suffisant en prévienne ou diminue les dévastations. Il est de telles portions du pays où d'immenses terrains sont envahis par les sables ou par des amas de cailloux roulés, et qui présentent l'affligeant spectacle des stepps d'Asie, au sein de populations industrieuses et animées. Cependant il y a sur plusieurs points assez de pente, pour que des barrages, quelques curages de bas-fonds, des canaux de décharge, et l'obligation pour tous les propriétaires d'usines et pour le génie civil et militaire de détendre en temps utile les écluses et les vannes, dussent suffire à accélérer l'écoulement des eaux, ou à borner du moins les dégâts à ceux contre lesquels l'industrie humaine est impuissante. Ajoutons, à l'égard des digues et retenues, que ce sont des réglemens de police qu'il faudrait subroger à l'action lente et dispendieuse des parties civiles; car on ne saurait trop s'étonner, soit du peu d'accord des propriétaires lésés pour engager les poursuites, soit de l'inaction même de l'autorité pour vaincre la résistance de ceux qui sont intéressés à la continuité des travaux d'usines.

C'est pourtant sur les bords des rivières que sont nos principaux produits en foin, attendu que la culture de la vigne a ravi presque partout à celle des herbages, la pente des côteaux et des montagnes, et que quant aux terrains dont la nature primitive n'est pas changée, la grande division des propriétés, si utile sous beaucoup de rapports, interdit ou entrave tout système un peu étendu d'irrigation; parce que celui-ci suppose la propriété qui n'existe pas, ou qui est démembrée, et que les intérêts bien ou mal entendus viennent s'y croiser. Aussi leurs produits n'entrant que pour une faible portion dans les moyens de consommation, il en résulte que les dévastations qui atteignent les grandes prairies, ne sont pas seulement des malheurs privés, mais d'irrémédiables calamités publiques, qui élèvent outre mesure le prix des denrées; en même temps que la mauvaise qualité de celles-ci énerve les animaux, et jette parmi eux des germes de maladies qui ne tardent pas à se développer, et sont bientôt suivies de ces grandes destructions dont les travaux et la fortune des particuliers ont cruellement à souffrir.

Il y a donc ici un intérêt général et commun, qui se recommande non pas seulement à l'administration générale, mais encore aux autorités départementales et d'arrondissement.

De mêmes réflexions s'appliquent au dessèchement des marais et aux défrichemens, où l'on voudrait voir, non pas la main du Gouvernement, mais de larges concessions qui facilitassent les associations, à cette époque où la population et le nombre des animaux de service croissant tout à la fois, les produits des terres arables et des prairies menacent de devenir insuffisans. Qui ne voit que les trèfles et luzernes ne suppléent à celles-ci qu'au détriment de celles-là ; et que ce serait une raison toute puissante, indépendamment de beaucoup d'autres, pour y adjoindre tous les terrains qui restent improductifs ?

Ajoutons un mot au sujet des concessions ; c'est que dans les discussions qui s'y rapportent, on s'applique toujours à réduire aux moindres termes les bénéfices éventuels. Je ne veux pas examiner si cette manière de procéder est toujours rationnelle, alors que la solution impose des charges publiques ou privées ; mais elle est absurde quand elle s'applique à des spéculations où personne n'est touché, et où l'on ne peut s'engager que dans l'espérance de gros avantages, qui contrebalancent les chances mauvaises, car il importe à tous qu'il s'ouvre de nouvelles sources de richesse, et l'envie doit être mal venue à y mettre obstacle.

On pourrait attendre de la Compagnie qui s'est formée en 1828, pour le dessèchement des marais, de plus grands et de plus prompts résultats, si l'esprit routinier qui nous domine, ne s'opposait à l'accroissement du nombre des actionnaires et à celui du fonds social nécessaire pour conduire à son terme cet immense travail. Il y a long-temps que sa nécessité a été appréciée sous le double rapport de son importance et de la salubrité publique. Elle avait apparu à nos ancêtres, et quelques-uns de nos meilleurs Princes y ont donné des soins sérieux. Aussi n'a-t-on pas tant blâmé Louis XIV de ses inutiles et fastueuses constructions de Versailles, que de sa machine de Marly et des réservoirs artificiels destinés à suppléer à son insuffisance, dont il a environné cette résidence. Plus de gloire et plus de bénédictions lui eussent été acquises, si poursuivant l'œuvre de son aïeul, il avait arraché à des eaux infectes et croupissantes les immenses terrains dont elles sont encore en possession.

On calcule, en effet, qu'il y a encore en France 600,000 hectares de marais ; ce qui revient à la 87e partie de la totalité de son territoire ; et en calculant aussi leur valeur, en tant qu'ils seraient livrés à l'agriculture, on trouve un capital de plus d'un milliard, lequel à 3 pour cent représente un revenu de 30 millions, non compris les bénéfices d'exploitation et l'impôt que le fisc en retirerait. Or, ne peut-on pas dire que nous cherchons au loin la fortune, quand elle est à nos portes? Une multitude d'autres terrains livrés à la vaine-pâture, n'attendent non plus qu'une législation mieux entendue pour décupler leurs produits sous des mains industrieuses, et soustraire tout à la fois les champs cultivés, à ces invasions nocturnes des bestiaux, dont les propriétaires se plaignent avec autant de justice que d'inutilité.

Je ne dirai qu'un mot au sujet des défrichemens. S'ils ne se lient point à la question présente par la nature des produits qu'on pourrait en tirer, il y a néanmoins une telle connexité entre les différentes parties de la richesse publique, que l'une en s'augmentant restituerait aux autres ce qui lui deviendrait superflu.

Que si nous examinons à présent l'état particulier d'un grand nombre de prairies, abstraction faite des inondations, nous les voyons en partie noyées, là par l'insuffisance des ponts ou des voies de dégorgement à travers les routes publiques ou vicinales, ici par le défaut de tranchées ou de fossés. Or, cette superposition des eaux pourrit la racine des herbes durant les hivers; ou ne fût-elle que passagère au temps des récoltes, elle rouille les produits et les incruste de limon. J'ai toujours regret à voir les eaux d'une rivière ou d'un ruisseau même, troubles et limoneuses, pour cette double raison que cela n'arrive qu'au détriment des terrains supérieurs, et que la meilleure part est entraînée au loin sans profit pour personne; ce qui reste même est si souvent mêlé de sable, que la stérilité de celui-ci nuit à l'action fécondante des *dépôts*. On ne saurait, au reste, calculer les pertes que les grosses pluies infligent à la richesse des terres, non plus que les dépenses de temps et d'argent qu'impose la nécessité d'y suppléer par les engrais.

Il serait trop long de s'étendre sur les vices ou négligences qu'on remarque dans la tenue des prairies. Mais on ne peut trop s'appliquer à convaincre les propriétaires ou fermiers, que la bonne nourriture consiste surtout dans sa bonne qualité, et que celle-ci ne se compense point par le volume; que quelques travaux, peu dispendieux d'ailleurs, leur restitueraient l'une sans affecter l'autre autant qu'ils se le persuadent, et qu'en ne donnant pas d'écoulement aux eaux dormantes, ils engendrent ou multiplient cette famille des joncs, des roseaux et des laiches qui sont totalement dépourvus de substance, mais aussi celles des renonculacées, des ciguës, etc., etc., qui contiennent des principes vénéneux, et leur causent des pertes dont ils s'obstinent à méconnaître l'origine. Ne cessons de leur répéter que les mousses, les plantes à tiges grossières, dures, coriaces et ligneuses, doivent être soigneusement extirpées ; et que les produits des meilleures prairies perdent beaucoup de leur qualité, soit qu'on les coupe trop tard, ou qu'ils demeurent trop long-temps exposés au soleil ou aux injures du temps, soit qu'on les entasse dans des lieux humides, ou qu'on n'avise point en temps opportun à remédier aux principes d'échauffement qu'ils peuvent recéler ; qu'ils sachent enfin que les irrigations elles-mêmes ont besoin d'être convenablement ménagées, parce que trop abondantes ou trop continues, elles enlèvent aux herbages leur odeur et leur principe sucré ; que les bons foins ont pour principaux caractères, une nuance légèrement verte, des tiges minces, déliées, peu cassantes, garnies de fleurs et de feuilles, une odeur et un goût un peu suaves, sans aucune impression acerbe ; d'où les qualités médiocres ou mauvaises peuvent être jugées par les signes contraires, indépendamment des plantes sans substance ou dangereuses, dont j'ai parlé plus haut.

Des Écuries.

Dans la morte saison ou dans les autres, après le travail, les chevaux sont à l'écurie, et l'on peut dire qu'ils y passent plus de la moitié de leur vie ; ce qui devrait engager à donner plus de soin aux dispositions extérieures ou intérieures de ces locaux, qui ont une si grande influence sur leur santé.

L'exposition la plus favorable, comme pour nos

propres habitations, est celle d'orient. Il est désirable que les autres, et surtout celles du nord et de l'ouest, soient parées par les murailles des cours. Le grand inconvénient des écuries militaires, et qui est presque irrémédiable, c'est d'être privées de ces abris et de ne tirer leur jour que par les deux extrémités, qui, à moins de précautions, donnent un libre accès aux courans d'air, si funestes aux chevaux à la rentrée des exercices ou manœuvres.

Les écuries ne doivent être ni trop hautes ni trop basses, afin d'y conserver et ne point excéder une douce et égale température, qu'on ne doit pas sacrifier à des principes trop rigoureux de salubrité. Durant les nuits d'hiver, tout doit y être clos; durant celles d'été, il suffit d'ouvrir d'un seul côté, durant une couple d'heures, afin de rafraîchir l'air. On ferme aux approches du jour. C'est quand les chevaux sont dehors, qu'on doit ouvrir de toutes parts, enlever les fumiers, nettoyer et sécher le sol, lequel doit être en pavé. Les fumiers surtout quand on les remue, exhalent une odeur acrimonieuse qui nuit à la vue; et c'est pour cela qu'on ne peut guère approuver la méthode de ramasser la litière sous les mangeoires, à moins qu'elle ne soit bien sèche, puisque c'est la rapprocher des yeux de l'animal, dont les pieds se fatiguent d'ailleurs sur un sol nu.

Les planchers des écuries sont généralement mal joints; et, comme le grenier de dessus sert communément à loger le foin ou la paille, il en résulte ce double inconvénient, que la poussière tombe dans l'écurie, et que les denrées elles-mêmes s'imprègnent d'une odeur âcre, produite par les exhalaisons des urines et des fumiers.

Indépendamment des cas extraordinaires, toute écurie constamment habitée, devrait être deux fois l'an blanchie à la chaux vive. Cela suppose aussi la restauration des murs, qui étant le plus souvent négligée, rend le nettoyage presque illusoire.

Ce qui a été dit ci-dessus au sujet des fumiers, indique suffisamment qu'on ne doit point les placer à la porte des écuries, non plus qu'y laisser des mares croupissantes d'urines ou d'eaux pluviales.

On ne réfléchit pas assez qu'avec une force réelle et toute l'apparence d'une santé robuste, le cheval est délicat, et que la plupart de ses affections morbides sont mortelles.

RÉSUMÉ.

L'état actuel des races de chevaux en France, appelle la sérieuse attention du Gouvernement et le concours de tous les esprits éclairés en matière d'économie publique. Non-seulement on se plaint avec raison que nous demeurions sous ce rapport les tributaires de l'étranger, tant à cause de la perte de numéraire qui en est la conséquence, que de l'imprévoyance et du danger à dépendre de ses adversaires naturels pour l'entretien de notre cavalerie et de nos trains de guerre, ou pour telle subite augmentation dont ils pourraient être susceptibles; mais, dégagée même des fournitures militaires auxquelles on peut pourvoir à la rigueur, à raison de l'élévation des prix, qui tente la cupidité, provoque et encourage les transgressions aux mesures prohibitives, la question acquiert un plus haut degré d'intérêt quand on l'envisage sous le rapport des besoins de l'agriculture et des services publics et industriels. C'est-là surtout qu'il faut substituer la force et la puissance à un vain nombre, et des idées judicieuses et fécondes à ces pratiques routinières qui remontent aux temps de servage et de féodalité.

A moins d'assigner des limites à la fécondité de la terre, aux progrès des arts et à l'amélioration du sort de la classe agricole, il est absurde de répéter aujourd'hui cette banale observation, que les races dégénérées de nos chevaux suffisant au travail, on décidera difficilement les petits propriétaires ou fermiers à faire des dépenses dont la nécessité ne leur sera pas démontrée. C'est encore prendre la question par l'une de ses extrémités.

Mais vis-à-vis de ceux-là même, nous comptons davantage sur les effets de l'exemple et ses heureux résultats, lesquels révéleront l'utilité qui, pour les gens de calcul et pour quiconque exerce une industrie, soit agricole, soit commerciale, n'est autre chose qu'une véritable nécessité ; et c'est dans ce sens que nous proposons des établissemens et des primes graduées, pour former et multiplier les types dans un ordre de produits jusqu'ici dédaignés, et préparer, avec l'aide du temps, l'abaissement des prix, qui permette à la petite propriété d'y atteindre.

Il faut bien le dire ; tout ce qu'on a fait jusqu'ici porte encore l'empreinte des préférences réservées au rang et à la fortune ; car s'il s'est introduit dans nos haras quelques espèces de chevaux propres aux gros travaux, leur nombre est si faible qu'il ne peut entrer en ligne de compte dans les larges moyens de régénération qu'il faut procurer au pays.

Mais l'une des fautes qui se commettent le plus souvent, étant de détruire ce qui existe, ou de n'envisager une question que sous une seule de ses faces, je me suis également gardé de l'exemple de l'assemblée constituante, qui supprima tous les haras sans rien mettre à leur place, et de celui des directions générales reconstituées plus tard, qui n'ont fait allusion qu'aux races supérieures ; se dirigeant tout d'abord vers le mieux possible, et franchissant les phases intermédiaires, sans s'occuper d'y semer des exemples et des doctrines.

A côté donc des établissemens existans, j'ai proposé au profit des races communes, d'en instituer six autres du même genre, mais d'une plus forte composition, et ramenés d'ailleurs à des règles plus simples et plus économiques, dont les produits incessamment jetés dans la population, invitassent les propriétaires les moins habiles à concourir eux-mêmes aux vues générales d'amélioration, en leur montrant que les procédés sont aussi faciles que peu dispendieux. Il faut s'attendre sans doute que, de la part d'un grand nombre, l'imitation sera d'abord informe. Mais c'est le sort commun de tout principe de perfectionnement ; le bon sens et l'intérêt privé font le reste. Nul doute d'ailleurs que les primes que j'ai demandées, ne fassent naître une heureuse émulation, si elles sont distribuées avec justice et discernement. Dans l'état actuel de distribution des propriétés et des fortunes en France, l'un des plus sûrs moyens d'assurer un utile et nombreux concours aux vues que nous nous sommes proposées, c'était de fonder l'espoir d'une juste et suffisante indemnité pour les frais inséparables de l'achat ou de l'entretien des sujets que l'industrie individuelle s'efforcera, je n'en doute point, de mettre en parallèle avec les produits des établissemens publics.

Je répète enfin qu'il n'y a rien de tellement rigoureux dans les propositions que j'ai faites, que des esprits plus éclairés dans la matière ne puissent y apporter d'utiles changemens ; car si j'ai cru pouvoir relever la question de l'oubli presque général où on l'a laissée, ou chercher à en élargir les limites, je n'ai pas la prétention d'y avoir apporté toutes les connaissances qu'elle requiert, ni même d'avoir su lui concilier toute l'attention qu'elle mérite.

www.ingramcontent.com/pod-product-compliance
Ingram Content Group UK Ltd.
Pitfield, Milton Keynes, MK11 3LW, UK
UKHW020347180726
13839UKWH00002B/977